QUELQUES CONSIDÉRATIONS

RELATIVES A

L'ENQUÊTE AGRICOLE

DANS LES DÉPARTEMENTS FRONTIÈRES DU NORD-EST

PAR

J. F. FLAXLAND

membre du Comice agricole de Ribeauvillé (Haut-Rhin).

PARIS

LIBRAIRIE AGRICOLE DE LA MAISON RUSTIQUE, RUE JACOB, 26.

STRASBOURG | COLMAR
CHEZ NOIRIEL. | CHEZ HELD-BALTZINGER.

1866.

ENQUÊTE AGRICOLE.

QUELQUES CONSIDÉRATIONS

RELATIVES A

L'ENQUÊTE AGRICOLE

DANS LES DÉPARTEMENTS FRONTIÈRES DU NORD-EST

PAR

J. F. FLAXLAND

membre du Comice agricole de Ribeauvillé (Haut-Rhin).

PARIS

LIBRAIRIE AGRICOLE DE LA MAISON RUSTIQUE, RUE JACOB, 26.

STRASBOURG | COLMAR
CHEZ NOIRIEL. | CHEZ HELD-BALTZINGER.

1866.

STRASBOURG, TYPOGRAPHIE DE G. SILBERMANN.

De l'enquête agricole.

Dans les départements frontières de la région nord-est, la grande propriété territoriale n'existe que très-exceptionnellement, et la moyenne propriété se partage avec la petite propriété le sol en des étendues qui varient, selon la fertilité des terres et selon les cultures, entre deux et vingt hectares. Dans le département du Bas-Rhin, la propriété rurale est même loin d'atteindre ces chiffres et, suivant les procès-verbaux des sessions de son Conseil général des années 1856 et 1857, elle n'occuperait, déduction faite des forêts, qu'une contenance moyenne d'environ 1 hectare.

Dans le même département, la population est de 123 habitants pour 100 hectares; dans celui du Haut-Rhin, elle est de 121 habitants pour 100 hectares; dans le Doubs, de 59 habitants pour 100 hectares; dans le Jura, de 58 habitants pour 100 hectares; dans les Vosges, de 66 habitants pour 100 hectares; dans la Meurthe, de 69 habitants pour 100 hectares; et enfin, dans la Moselle, de 84 habitants pour 100 hectares.

Ces chiffres suffiront pour constater, de prime abord, et la variété dans les exploitations du sol, et la diversité des ressources et des besoins des populations. Chaque région doit donc faire entendre sa voix, afin que l'enquête ouverte donne l'indication des mesures générales que l'on peut réclamer du gouvernement dans l'intérêt de tous, et renseigne les cultivateurs sur celles des mesures qui ne peuvent être obtenues que par leur propre initiative.

Notre agriculture, dit-on, est souffrante, elle pousse

des cris de détresse, qui viennent de retentir aux palais du Sénat et du Corps législatif : surchargée d'impôts, elle manquerait de crédit, de bras, d'engrais et de capitaux. Analyser ces souffrances, rechercher ce qu'il y a de vrai ou de fondé dans ces plaintes, relativement aux départements frontières du nord-est, telle est la tâche que nous nous proposons de remplir, dans la limite de nos moyens, comme citoyen et comme agriculteur.

Du crédit.

On distingue : 1° le *crédit personnel*, fondé sur l'appréciation faite par le prêteur des qualités de celui qui emprunte; et 2° le *crédit réel*, fondé sur des sûretés, des meubles, des immeubles, de l'argent, ou des valeurs quelconques.

Le *crédit réel*, en d'autres termes le crédit foncier, ne s'adresse donc qu'à la propriété existante et n'a lieu que sur la présentation de titres notariés. Le *crédit personnel*, au contraire, et tel qu'on le réclame pour l'agriculture, doit s'adresser non-seulement à la propriété, mais plus spécialement à l'honorabilité, à l'intelligence et à l'activité du cultivateur. Le *crédit personnel* est, par conséquent, le crédit à bon marché, plus ou moins exempt de garanties matérielles et surtout d'hypothèque.

Parmi les obstacles que rencontrent à la campagne le développement et l'organisation du *crédit personnel*, surtout de celui à court terme [1], il faut compter prin-

---

[1] Selon M. Thiers le crédit à court terme serait une *chimère* en agriculture. M. Thiers en donne ainsi la définition : « Un fabricant de chaussures achète du cuir à un marchand de cuirs en gros et s'ac-

cipalement la nécessité dans laquelle ont été, jusqu'à ce jour, les institutions de crédit, telles que celles du crédit foncier et du crédit agricole de France, de centraliser leur action. Ces institutions se sont ainsi trouvées dans l'impossibilité de juger de la valeur morale du cultivateur éloigné du centre des opérations, et n'ont pu dépasser, par cette raison, les limites du crédit *réel*.

Il n'en est pas de même dans les affaires commerciales. Dans le commerce le crédit facilite la circulation des capitaux, et favorise la création de capitaux nouveaux, en assurant l'activité et la productivité des capitaux existants. On a donc déduit de cette circonstance que, si les campagnes veulent trouver de l'argent aussi facilement que le commerce et l'industrie, l'agriculture doit, à son tour, créer des capitaux qui ne feront point défaut, dès le moment qu'il n'y aura plus d'argent inactif chez le cultivateur.

Il en résulte que le crédit agricole, c'est-à-dire le crédit personnel, ne saura convenablement et utilement se fonder, dans les campagnes, que sur place. « Il n'y a qu'un seul moyen, disait M. L. de Lavergne dans un rapport adressé, il y a une dizaine d'années déjà,

quitte au moyen de ce qu'on appelle, en terme de commerce, un règlement ; il lui donne en paiement un effet à six mois. Cet effet, le marchand de cuirs en gros le garde dans son portefeuille trois mois. Après trois mois il le porte à la Banque, qui lui en donne la valeur par l'escompte et qui attend alors les trois mois restants jusqu'à l'échéance, et ainsi, avec les trois mois de patience qu'a eue le marchand de cuirs en gros, avec les trois mois de patience qu'a eue la Banque, on a gagné six mois, et en six mois le fabricant de chaussures a réalisé le prix de ses chaussures » (voy. *Moniteur* 1866, p. 284). Nous avons cru, pour l'intelligence de nos campagnards, devoir reproduire cette explication, aussi courte que lucide, du crédit à court terme.

à M. le ministre de l'agriculture, c'est de créer dans chaque arrondissement un comptoir d'escompte indépendant de toute influence administrative ou autre, ayant pour actionnaires des capitalistes de la localité, uniquement administré par eux et ayant pour but d'escompter le papier des cultivateurs et de leur ouvrir des comptes courants. Dans la circonscription d'un arrondissement, où tout le monde se connaît, on peut arriver par ce moyen aux dernières limites du crédit possible dans un moment donné[1]. »

Néanmoins M. de Lavergne entrevoit dans l'état actuel de choses de grands inconvénients : il pense qu'aussi longtemps que les capitaux seront absorbés par l'*impôt* et par l'*emprunt* à mesure qu'ils se forment, il en restera fort peu pour des travaux productifs. « Il faut, dit-il, un grand dévouement pour employer son argent à prêter à la culture, quand on peut le placer à 5 p. 100 dans les fonds publics. »

Ces quelques renseignements que nous venons de donner au lecteur sur la différence qui existe dans les divers modes du crédit, expliqueront la divergence qui s'est manifestée, dans ces derniers temps, dans l'opinion de nos cultivateurs les plus éclairés, au sujet du crédit agricole. Nous sommes de ceux qui pensent que le crédit *réel* et le crédit *personnel*, tout en existant jusqu'à un certain point et dans les mœurs et dans les usages de nos populations rurales, sont néanmoins privés d'une organisation telle, qu'ils ne seraient pas susceptibles d'un développement qui devrait fixer l'attention et la sollicitude du gouvernement.

Voy. *Journal des économistes*, mai 1863.

Il n'y a, en effet, point de village, dans nos départements du nord-est, où l'on ne trouve pas quelques familles qui ne tiennent soigneusement des épargnes, d'une valeur plus ou moins grande, cachées au fond d'une armoire ou dans tout autre lieu de sûreté. Ces familles, contrairement à l'opinion de M. de Lavergne, et contrairement à celle émise par M. Pouyer-Quertier, au Corps législatif[1], n'accordent leur confiance ni au Crédit foncier ni au Crédit agricole de France. Elles n'ont, en général, aucune idée des opérations des banques publiques et, à part quelques exceptions très-rares, leur argent ne sort presque jamais du village ou du canton qu'elles habitent. Par contre elles prêtent volontiers leur argent sur obligation à 5 p. 100 et même à 4 p. 100 à celui de leurs concitoyens qui leur paraît actif, intelligent, laborieux et surtout solvable. Ces prêts ont lieu, tantôt directement entre le prêteur et l'emprunteur, tantôt par l'entremise du notaire, qui vous dira que très-souvent les pièces d'or ou d'argent, passant entre ses mains, sont noircies ou moisies par le temps et par l'inactivité[2]. Ces circonstances nous engagent à partager les

[1] Selon M. Pouyer-Quertier le Crédit agricole de France, au lieu de faire des prêts à l'agriculture, aurait, au contraire et par des promesses séduisantes, enlevé les épargnes des cultivateurs po᷉r les placer à l'étranger.

[2] A ce sujet le *Courrier du Bas-Rhin* a publié, le 27 janvier 1865, une note à laquelle nous empruntons le passage suivant: « Les épargnes du cultivateur ne lui rapportent non-seulement point d'intérêts, mais elles deviennent encore pour celui-ci un objet d'inquiétude continuelle jusqu'au moment où elles se trouvent converties en acquisitions territoriales. Il s'ensuit naturellement qu'après quelques années de récoltes abondantes, chaque parcelle, chaque lambeau de terre devient un objet de convoitise pour le cultivateur. Cette néces-

avis des économistes, selon lesquels la vraie solution du
problème agricole serait dans la propagation des institutions de banques locales, qui, par les dépôts, les
comptes courants etc., feraient cesser le chômage
prolongé auquel le manque de ces établissements, et
le goût de la thésaurisation qui en résulte, condamnent
aujourd'hui bien des millions qui pourraient faire, à
la propriété et à l'industrie agricole, des capitaux considérables, tout en assurant de beaux bénéfices aux
propriétaires de ces capitaux.

C'est conformément à ces principes si bien démontrés
aujourd'hui que l'on vient de créer, dans une petite
localité du Haut-Rhin, une société de crédit agricole.
Malheureusement, des établissements de ce genre ont
à surmonter des difficultés sérieuses et nombreuses,
qui consistent, non-seulement dans les habitudes et
dans les préjugés existants, mais encore dans l'opposition de ceux qui, à l'heure qu'il est, servent d'intermédiaires entre le prêteur et l'emprunteur et qui redoutent de voir ainsi leur office écarté[1]. Une autre difficulté
encore est celle qui provient du manque de connaissance en matières financières, et qui empêchera nos
cultivateurs d'adhérer spontanément à des établisse-

sité d'*acquérir* et de s'*arrondir* est d'autant plus funeste qu'elle est
exploitée par des spéculateurs adroits qui recherchent avidement
toute propriété d'une contenance plus ou moins considérable pour la
diviser et la morceler à l'infini... »

[1] « Dans les départements, disait récemment M. Fremy, directeur
de la Banque agricole de France, cette institution a trouvé peu d'em-
pressement de la part des intermédiaires, qui redoutent de ne plus
avoir à renouveler tous les trois ou cinq ans les prêts sur lesquels ils
prélèvent des honoraires, très-légitimes sans doute, mais qui constituent pour eux de larges bénéfices » (voy. *Moniteur* du 9 mars 1866,
Corps législatif).

ments dont le mécanisme, pour être compris, exige de leur part quelques études, qui jusqu'à présent sont restées en dehors de leur sphère d'activité.

De ce qui précède il résulte évidemment que le crédit *personnel*, tel qu'il est organisé dans le commerce, fait défaut à l'exploitation du sol et à l'échange de ses produits. Nous ferons toutefois remarquer que les art. 520, 521, 522 et 524 du Code, signalés au Sénat par M. le comte de Beaumont comme autant d'obstacles à la réalisation du crédit agricole, ne constituent pas d'empêchements sérieux dans les départements frontières du nord-est, où le métayage et le cheptel, par suite même du morcellement de la propriété rurale, ne sont pas en usage.

Des capitaux.

Nous venons de voir que les mots *crédit agricole* ne sont pas encore compris, dans toute l'étendue de leur signification, par nos populations rurales. Il en est de même des capitaux. Par ce mot on entend généralement, dans nos campagnes, désigner plutôt la richesse individuelle que la richesse publique. Au point de vue de la science de l'économie ce n'est que l'argent mis en circulation qui constitue des capitaux. L'argent qui reste dans une inactivité stérile et qui ne contribue pas à former un ensemble de capitaux, à l'aide desquels l'agriculture serait mise en état de faire des progrès, ne peut être considéré par celle-ci comme *capital réel* ou public. Or, quand on dit que les capitaux manquent à l'agriculture, on n'entend pas dire que le cultivateur est sans fortune, mais que l'*offre* et la *demande*, c'est-à-dire le prêteur et l'emprunteur, ne se rencontrent pas, faute de combinaisons ou d'une organisation qui, en réunissant les sommes dormantes et improductives, les mettrait à la disposition soit des entreprises privées, soit de grandes entreprises collectives.

. On nous objectera que dans des départements où la propriété rurale est autant divisée que dans les nôtres, les grandes entreprises agricoles ne sauraient avoir de succès. Cette objection est fondée, si on entend par entreprise agricole uniquement les travaux de la ferme, qui, en effet, n'ont généralement pas besoin, dans nos départements du nord-est, de ce grand roulement de fonds dont M. le baron de Veauce vient d'entretenir le Corps législatif[1]. L'objection toutefois n'est pas fondée si l'on comprend dans ces entreprises celles qui sont placées au-dessus de l'initiative privée, et qui exigent par conséquent une action collective. Dans ce nombre il faut compter le reboisement, la création de grands canaux d'irrigation et de transport, l'établissement de chemins de fer vicinaux, l'amélioration des races chevalines et bovines etc. Nous ne citerons comme exemple que les vastes prairies situées dans le Haut-Rhin sur les deux rives de l'Ill et qui, depuis plusieurs années déjà, n'ont produit que des récoltes tellement chétives que les habitants de ces contrées ont été dans la triste nécessité de vendre successivement une grande partie de leurs animaux domestiques, faute de fourrage.

Et cependant par une action collective bien dirigée, et avec les capitaux nécessaires à l'établissement des canaux d'irrigation, on pourrait conduire les eaux si fertilisantes de la rivière en question sur ces prairies desséchées, depuis nombre d'années, par un soleil ar-

[1] Voy. *Moniteur*, p. 268.

dent. Au lieu de produire la misère et la désolation,
ces prairies produiraient des fourrages en abondance,
si nous savions réunir et utiliser nos capitaux plongés
aujourd'hui dans une véritable léthargie.

On n'exigera pas de nous d'indiquer ici tous les travaux collectifs que l'agriculture serait en état d'entre-
prendre, si nous connaissions toute la puissance des
capitaux réunis. Dans les pays morcelés, où l'ardeur
pour le travail, l'économie domestique, et une persévé-
rance qui surmonte toutes les difficultés dans les travaux les plus pénibles, constituent le caractère domi-
nant de l'homme des champs, la création de capitaux
serait d'autant plus nécessaire, que l'on y a malheureusement l'habitude d'exiger du gouvernement qu'il prenne
l'initiative dans les travaux dont il s'agit.

L'institution de modestes Banques agricoles et locales, qui se développeraient au fur et à mesure que
l'esprit public reconnaîtrait leur utilité, serait donc un
bienfait pour nos départements, et déchargerait l'État,
en quelque sorte, de sa grande responsabilité lors des
crises agricoles.

Un mot encore à propos des capitaux : on dit que
des capitaux énormes ont quitté la France pour créer
des chemins de fer étrangers. Selon M. Magnin, le
chiffre de ces capitaux se serait élevé dans l'espace de
dix ans, de 1855 à 1865, à la somme *monstrueuse* de
8 milliards 264 millions[1]. Tout en déplorant sincère-
ment avec M. Magnin que ces sommes *effrayantes*
aient été réalisées à l'aide de cet appât détestable et
immoral des gros lots de loterie, nous pensons néanmoins que ce placement, envisagé à un point de vue

[1] Voy. *Moniteur*, séance du Corps législatif, p. 292.

plus élevé que celui où s'était placé M. Magnin, ne soit pas, pour les intérêts de la France, aussi funeste qu'il semble l'être aux yeux de l'honorable député. En effet, les services rendus par nos chemins de fer indigènes seraient beaucoup moins considérables, si l'étranger manquait des capitaux nécessaires pour en créer, à son tour et presque en même temps que nous. Sans les chemins ferrés des pays voisins, les produits de nos industries resteraient évidemment en dépôt sur nos frontières, sans pouvoir aller plus loin, et les matières premières, nécessaires à nos manufactures, ne nous arriveraient qu'avec une lenteur extrême. Nous pensons donc que, loin de regretter la solidarité des chemins de fer établis sur tout le continent avec une partie de nos épargnes, nous devrions nous en féliciter et diriger d'autant plus notre attention et nos efforts vers la création de nouvelles voies ferrées dans nos départements.

Un autre reproche, adressé encore par M. Magnin au placement des capitaux français, est celui de les employer à des travaux improductifs, à l'embellissement de nos grandes villes, en un mot, à des *travaux de luxe*. Nous n'examinerons pas si la définition donnée par M. Magnin à l'emploi de ces capitaux n'est pas susceptible d'être modifiée, et si, en effet, ces capitaux sont employés plutôt à des travaux de luxe qu'à des travaux d'assainissement; ce qu'il nous importe de constater, c'est que l'agriculture a besoin non-seulement de laboureurs, mais aussi de consommateurs, et qu'avec l'augmentation des populations urbaines les travaux des champs deviennent nécessairement plus lucratifs. Les travaux des grandes villes, quelle que soit d'ailleurs leur nature, ne nous semblent donc nullement créer des entraves aux travaux agricoles.

Du manque de bras.

Dans ces derniers temps, la question du manque de bras a été soulevée à bien des reprises et constitue aujourd'hui, dit-on, l'une des souffrances principales de notre agriculture. A vrai dire, dans les départements frontières du nord-est ce ne sont pas les bras proprement dits qui manquent, mais les ouvriers à salaire journalier. Cette assertion paraîtra, au premier abord, paradoxale; nous croyons cependant pouvoir en démontrer la vérité. Si les bras manquaient, une partie de nos terres serait restée ou en friches, ou en jachères, ou mal cultivée, ou encore les récoltes seraient restées pendantes. Or ni l'un ni l'autre de ces cas n'a eu lieu, et nos cultures, celles du moins qui n'exigent point d'action collective, comptent heureusement parmi les plus soignées de la France.

Il y a bien certainement, dans les plaintes au sujet du manque de bras, une contradiction singulière et qui, à notre surprise, n'a pas été rélevée ni discutée dans les débats du Corps législatif. Suivant un document publié par les soins de M. le marquis d'Andelarre et cité par M. Pagezy, dans la séance du 8 mars 1866[1], le nombre d'hectares emblavés se serait élevé, depuis 1846, de 6 millions à environ 7 millions. A son tour, la production du blé, qui en moyenne et à partir de 1846 à 1855 n'a été que de 81 millions d'hectolitres, se serait élevée, dans les dix dernières années, à 99 millions d'hectolitres. La production du blé aurait ainsi augmenté dans cette dernière période de 22 p. 100, et

[1] Voy. Corps législatif, *Moniteur*, p. 269.

aurait produit, pour le commencement de l'année
1866, un excédant sur la consommation d'environ 39
millions d'hectolitres, dont 3 millions d'hectolitres seulement proviendraient, d'après M. Pagezy, de l'impor-
tation [1].

D'un autre côté, il résulte des documents de statistiques que le chiffre de la population des campagnes
a diminué, à partir de 1851 à 1861, de 2,119,381
individus ; ce chiffre monterait même, suivant une
évaluation faite par M. Thiers, à 3,500,000 individus, à l'heure qu'il est.

Mettons maintenant en regard de ces renseignements,
puisés dans des statistiques officielles, ces paroles de
M. Darblay : « Surexcité par les chertés que nous avons
eues de 1853 à 1861, dit M. Darblay [2], la production du
blé a pris en France un immense développement. Ce
mouvement s'est fait sentir dans tous nos départements.
Non-seulement on a cultivé mieux, non seulement les
bonnes méthodes, grâce aux comices agricoles, à la
presse spéciale, à l'initiative intelligente du gouvernement, ont été propagées et encouragées, mais l'étendue des emblaves s'est accrue, on a fait pousser du
blé là où il ne venait auparavant que des ronces et des

[1] La moyenne de la production du blé était :
En 1750 de 25,000,000 hectolitres.
En 1815 de 49.862,157 hectolitres.
En 1850 de 84,188,463 hectolitres.
En 1860 de 99,370,186 hectolitres.
   La population de la France était :
En 1750 de 19,000,000 d'habitants.
En 1860 de 36,000,000 d'habitants.
La population n'a donc augmenté que du double, de 1750 à 1850,
tandis que la production du blé s'est presque quadruplée.
[2] Voy. *Moniteur*, p. 303, .

bruyères, et nous voyons aujourd'hui la Bretagne, le Berry, le Nivernais, le Bourbonnais rivaliser avec nos provinces les plus anciennement renommées pour la culture des céréales [1]. »

En mettant, comme nous venons de le dire, ces divers renseignements en regard les uns aux autres, nous voyons, d'une part, la population des campagnes diminuer d'environ trois millions d'individus depuis une dizaine d'années; et, de l'autre, nous voyons des milliers d'hectares de terre nouvellement défrichés qui, selon l'expression de M. Béhic, ministre de l'agriculture, auraient produit un *excès de prospérité et une exubérance de production*, à laquelle il faut attribuer aujourd'hui les souffrances de l'agriculture.

N'y a-t-il pas là une contradiction étrange et ne faut-il pas se demander si les souffrances ne seraient pas devenues plus grandes encore si l'agriculture avait eu plus de bras à sa disposition? Elles seraient devenues, selon nous, d'autant plus grandes que ce ne sont pas seulement les terres destinées à la culture des céréales qui se sont ainsi accrues, mais que la vigne, à son tour, qui n'occupait au commencement du siècle qu'une surface de 1,500,000 hectares, occupe, à l'heure qu'il est, une étendue de 2,500,000 hectares, c'est-à-dire le vingtième de la superficie totale de l'empire, et produit ainsi cette quantité si énorme de liquide qui se vend à vil prix dans les régions du midi de la France.

Nous sommes donc arrivés au point que l'abondance, qui devrait nous réjouir, nous attriste; et dans ce mo-

---

[1] Les surfaces ensemencées en blés n'étaient, en effet, en 1845 que de 4,589,876 hectares, tandis qu'elles avaient atteint en 1850 le chiffre de 6,131,930 hectares.

2

ment de surabondance, où l'on devrait plutôt songer à
créer des consommateurs que des producteurs, on entend, de tout côté, s'élever des voix contre les travaux
des villes, contre les contingents de l'armée et, chose
vraiment bizarre, on entend ces voix réclamer encore
plus de bras pour l'agriculture afin de pouvoir produire
encore davantage. N'est-il donc plus vrai cet ancien
axiome, suivant lequel la *consommation* excite la *production*, et que plus est grand le développement des
populations urbaines, industrielles et manufacturières,
plus grands sont les débouchés par où découlent les
denrées agricoles.

Ce sont apparemment ces circonstances contradictoires qui ont porté M. de Kergolay à déclarer haute-
ment, dans l'une des dernières séances de la Société
d'économie politique[1], que l'état des choses ne motive
pas des plaintes aussi vives que celles que certains
journaux font entendre, et qu'il ne peut s'empêcher de
penser que les ennemis de la liberté commerciale, qui
ont tant regretté l'échelle mobile, exploitent les circonstances actuelles, et ont organisé une véritable campagne contre la loi de 1861, espérant atteindre et ar-
rêter le mouvement général qui, depuis neuf ans, a
apporté de nombreuses améliorations dans notre régime
douanier.

Et cependant, malgré les contradictions que nous
venons de signaler nous-même et, malgré l'opinion
émise par M. de Kergolay, il n'est pas moins vrai qu'en
France, surtout dans les régions du nord-est, les
domestiques et les ouvriers à salaire journalier de-

[1] Du 5 mars 1866.

viennent de plus en plus rares, de plus en plus difficiles à nourrir, et, en un mot, de plus en plus exigeants sous tous les rapports, quels qu'ils soient, et produisent ainsi un véritable embarras, un véritable malaise dans les grandes exploitations agricoles.

Attribuer ce malaise à l'embellissement des grandes villes, à l'abolition de l'échelle mobile, au manque de crédit, voire même aux contingents de l'armée, c'est là, selon nous, chercher les causes où il est impossible de les découvrir. Ces causes nous semblent être moins accidentelles que celles que nous venons d'énumérer, surtout être moins passagères et résider, par conséquent, au cœur même de l'agriculture, dans ses mœurs, dans ses usages et surtout dans la transformation, lente il est vrai, mais incessante de la propriété rurale.

En effet, si nous jetons à la hâte un coup d'œil rétrospectif sur les événements qui se sont succédé depuis la fin du siècle dernier, et qui ont eu nécessairement une influence considérable sur la propriété territoriale, nous voyons d'abord Malesherbes et Turgot faire les célèbres édits sur la liberté des grains, des vins et sur l'abolition des corvées ; nous voyons les derniers serfs affranchis par Necker, et ensuite les lois de 1789 proclamer la liberté de travail, le droit de participer au vote de l'impôt et de prendre part au gouvernement des affaires publiques[1]. Deux ans après, en 1791, les lois sur les biens et usages ruraux rendirent le territoire de la France, dans toute son étendue,

[1] Par le suffrage universel chacun prend part aux affaires publiques. Nous dirons, un peu plus loin, quelles sont les conséquences qui en résultent pour l'agriculture.

libre comme les personnes qui l'habitent et reconnurent que tout propriétaire territorial est libre de varier à son gré les cultures de ses terres, de conserver ses récoltes entières et d'en disposer librement. Ajoutons que le privilége de la propriété disparut avec l'abolition du droit d'aînesse, et que l'œuvre fut enfin couronnée, à une époque plus récente, par les vastes entreprises organisées par des sociétés puissantes, connues sous le nom de *bandes noires*, et dont le but ou la spéculation consistait à acquérir les grands domaines provenant de l'Église et de la noblesse, pour les mettre à la portée des fortunes les plus modestes, en les divisant presque à l'infini.

On se tromperait singulièrement si on se figurait que les *bandes noires* ont cessé d'agir; elles n'existent plus, il est vrai, sur une échelle aussi grande qu'au moment où les événements de 1789 leur avaient préparé un vaste champ d'action; leurs membres se sont débandés aujourd'hui, mais ce n'est que pour agir isolément et avec non moins d'énergie.

La propriété territoriale a ainsi subi, depuis environ soixante-dix ans, une transformation, qui continue à s'accomplir, et dont le point d'arrêt n'est pas à prévoir. En 1789, le clergé possédait environ le cinquième du sol, l'État et les communes un autre cinquième, et les trois cinquièmes restants étaient partagés entre la noblesse et les paysans. Il y avait alors 21,456 familles, dont chacune possédait en moyenne un héritage de 880 hectares. Aujourd'hui la moyenne de la grande propriété n'est plus que de 300 hectares, celle de la moyenne propriété seulement de 30 hectares et celle de la petite propriété, qui se divise en plus de 5 millions de lots, n'est plus que de 3 hectares [1].

Le lecteur trouvera sans doute singulier de nous voir invoquer tous ces faits et tous ces chiffres à propos du manque de bras. Cependant en voici les conséquences. La petite culture occupe aujourd'hui environ la moitié de la propriété territoriale; elle exploite des étendues qui varient entre 2 et 20 ou 30 hectares, elle se suffit généralement à elle-même pour ensemencer les terres par ses propres bras, pour les labourer et pour récolter. Il n'en est pas de même ni de la grande ni de la moyenne propriété : celles-ci, pour exploiter leurs terres, dont les étendues varient, comme nous venons de le faire remarquer, entre 30 et 300 hectares, ont besoin de nombreux serviteurs, et, pour prospérer, de serviteurs intelligents, honnêtes et laborieux; car dans aucune industrie la surveillance n'est aussi difficile à exercer comme dans l'industrie agricole. Eh bien, ce sont ces ouvriers qui font défaut. L'ouvrier qui a les qualités dont nous venons de parler, favorisé par la grande facilité qu'il a d'acquérir des parcelles de terre, au moyen des longs termes que les successeurs des *bandes noires* lui procurent, parvient très-rapidement à devenir propriétaire lui-même. On en est ainsi arrivé à ce résultat, surtout dans nos départements frontières du nord-est, que la fortune territoriale est divisée en presque autant de petites propriétés qu'il y a de familles à la campagne. Celles-ci, naturellement, ne se résignent à travailler pour d'autres qu'autant que leurs

[1] En 1750 la surface de la France étant de 51 millions d'hectares, la portion cultivée était de 18 millions d'hectares. Aujourd'hui sur 54 millions d'hectares 11 hectares seuls sont restés incultes.

propres occupations le permettent et deviennent ainsi, nous venons de le dire, de jour en jour plus exigeants.

Telle est évidemment la cause principale de ce manque de bras si sensible, surtout à la grande propriété, laquelle, dans ces conditions, ne peut que difficilement se soutenir et ne saura prospérer que par une grande énergie dans la direction de ses travaux.

Le manque de bras se fait sentir principalement au moment des grands travaux agricoles, tels que la moisson, la fenaison etc. On a pensé que pour y remédier, le gouvernement pourrait venir en aide à la grande propriété en restituant à celle-ci, pendant trois mois de l'année, les bras qu'il lui a enlevés, en donnant un congé aux militaires qui ne sont pas indispensables à l'armée. Nous avons vu ce remède appliqué, pendant deux ou trois années, dans quelques localités du vignoble du Haut-Rhin, à la disposition duquel les autorités militaires du chef-lieu du département avaient mis un certain nombre de soldats lors des vendanges.

Malheureusement, le travail de ces hommes, malgré leur bonne volonté, a été exécuté on ne peut plus mal. Il faudrait, pour en obtenir un travail bien fait, renvoyer les militaires dans leurs propres pays, dont ils connaissent les travaux et les usages, ce qui ne laisserait pas que de leur occasionner autant de frais qu'ils en retireraient de bénéfice, sans parler des inconvénients que l'administration militaire pourrait y découvrir.

Du reste, c'est moins le remède qui doit nous occuper que les causes du mal. Nous venons de dire que la cause principale réside dans la culture morcelée, qui se prive de l'ouvrier, et exécute les travaux à l'aide de ses propres bras. Parmi les causes secondaires nous compterons, en premier lieu, l'invention, l'introduction et la perfection incessante des machines agricoles.

Les machines, dit-on, et avec raison, rendent inutiles une grande partie des bras autrefois indispensables à l'agriculture, et, c'est à ce titre principalement qu'elles furent saluées et acclamées avec enthousiasme par la grande propriété. Trop coûteuses et, par conséquent, inabordables au petit cultivateur, les machines firent entrevoir aux grands propriétaires une ère nouvelle, heureuse et, pour ainsi dire, un privilége ressuscitant en faveur de la grande fortune. De son côté le paysan, soucieux de l'avenir et de son impuissance, dissimulait sa faiblesse et son anxiété par un profond dédain contre ces innovations, que l'on ne manqua pas de mettre sur le compte de son attachement aux anciens usages et à son ancienne routine. Et cependant, qu'en est-il arrivé au bout de peu d'années? C'est que l'arme dont voulait se servir le plus fort s'est retournée contre lui : les paysans, grands et petits, firent cause commune et, au moyen de l'association, les machines agricoles, au lieu de devenir le soutien de la grande propriété, en sont devenues, au contraire, des concurrents puissants, qui augmentent aujourd'hui son malaise en lui enlevant le restant des bras dont autrefois elle disposait.

Une circonstance qui vient à l'appui de notre assertion, c'est que ce ne sont pas seulement les bras d'hommes qui manquent à la grande culture, mais aussi ceux des femmes, ceux mêmes des hommes qui ont atteint un âge avancé comme ceux de la jeunesse; en un mot, c'est *la famille ouvrière tout entière* qui lui fait défaut et qu'elle ne peut se procurer, pas même au prix d'un salaire très-élevé. Une seconde circonstance encore qui nous servira de preuve de ce que nous avançons, c'est la diminution de la valeur des terres dans les départements à grands domaines, tandis que cette valeur s'est doublée, triplée dans ceux des départements où la propriété est très-divisée. C'est évidemment cette circonstance qui a donné lieu aux appréciations contradictoires, faites récemment, dans les débats du Corps législatif, au sujet des valeurs immobilières et de l'enquête agricole.

Il nous semble donc incontestable que l'agriculture française se trouve actuellement dans une de ces crises qui surviennent toujours, tôt ou tard, ou aux grandes commotions politiques comme celles que nous venons de citer, ou aux grandes innovations comme celles des machines et des chemins de fer; ces innovations honorent assurément le génie de l'homme; mais, en créant de nouvelles conditions sociales, elles opèrent en même temps des changements dans la fortune publique, dont nous pourrons nous rendre un compte, plus ou moins exact, en jetant un coup d'œil sur ces nombreuses familles campagnardes qui composent aujourd'hui la petite propriété.

De la petite propriété.

Suivant une opinion exprimée dans le *Courrier du Bas-Rhin* par l'un de ses correspondants[1], la petite culture serait en prospérité évidente. « La preuve, dit M. Ringeisen, d'Erstein, en est dans la libération de

[1] Voy. *Courrier du Bas-Rhin*, 23 février 1866.

ses dettes, dans l'acquisition des terres, dans l'amélioration de ces terres et dans le paiement régulier des fermages. Elle se sert de son bétail pour l'attelage à la place des chevaux dont l'entretien est fort coûteux et grève le budget du grand cultivateur. Elle fournit à celui-ci la paille, les fourrages et ses excédants de fumiers de ferme. En un mot, elle jouit de tous les avantages du grand cultivateur, sans en avoir les inconvénients et les dépenses, et se constitue ainsi tous les jours davantage, au détriment de la grande propriété. »

Quand nous signalons à une enquête solennelle, à la fois des avantages si considérables en faveur d'une portion de la population, et des inconvénients si préjudiciables à une autre portion, il n'est peut-être pas inutile d'entrer dans quelques plus amples détails à cet égard.

Que faut-il, en effet, pour travailler et pour féconder la terre? Des bras et des engrais. Or il est certain que le petit cultivateur, qui ne possède que 2 ou 3 hectares, ne se plaint pas du manque de bras; car plus les bras deviennent rares, plus son travail gagne en valeur, plus ses produits sont recherchés. Il s'ensuit naturellement que son bien-être augmente au fur et à mesure que sa famille grandit et que les bras s'en multiplient. Quant aux engrais, le paysan les produit généralement en abondance, car il n'y a point de paysan, si petit qu'il soit, qui n'ait sa vache; or celui qui n'a qu'un hectare de terre, et qui n'a qu'une vache, est plus riche en bétail et plus riche en engrais, et par conséquent, plus riche en récoltes que celui qui possède 300 hectares de terres et qui n'a que cinquante ou cent têtes de bétail. Il en résulte que le petit cultivateur n'a pas recours aux engrais artificiels, dont il ignore presque le trafic, et qu'il est ainsi à même de fournir au plus riche les excédants de ses fumiers. Nous avons souvent entendu des agronomes déplorer la perte des urines du bétail qui, dans nos villages, s'écoulent dans les ruisseaux des rues; toute déplorable que soit cette perte, elle prouve évidemment l'abondance dont nous parlons et dont le paysan saura profiter, quoi qu'on en dise, dès le moment qu'il devra dépenser son argent pour acheter des engrais étrangers.

C'est que les besoins du petit cultivateur ne consistent pas, comme ceux du grand cultivateur industriel, à battre principalement monnaie de ses terres, mais à souder les anneaux divers qui constituent la connexité dans ses travaux, de telle sorte qu'il n'ait point d'argent à dépenser. Thésauriser les épargnes, ne dépenser que le plus strict nécessaire, produire avant tout ce dont la famille a besoin pour son entretien, et vendre le superflu : tel semble être le problème économique que le petit cultivateur seul sait résoudre. Mais pour arriver à cette solution, il lui faut des terrains de nature différente, il lui faut des parcelles éparpillées ou disséminées, les unes propres à produire les fourrages, les autres les céréales, et d'autres encore propres à produire les fruits dont il fait sa boisson fermentée. « La petite propriété, qui est cultivée directement par la famille, dit M. Jules Guyot, si elle fait son pain, son vin, son porc, son lait, ses racines, ses légumes et ses fruits, s'enrichit sûrement et promptement de la vente de son superflu, tandis que la grande propriété, si elle est exploitée *industriellement*, se ruine et tombe fatalement dans les mains de la petite propriété. »

Il faut nécessairement se demander ici quel est l'excédant ou le superflu dont la famille du petit cultivateur peut disposer. Qu'il nous soit permis d'emprunter, à ce sujet, une page éloquente d'un travail que M. le docteur J. Guyot vient de publier. Nous empruntons d'autant plus volontiers cette page, qu'elle émane d'un homme qui, chargé d'une mission importante par le gouvernement, vient de parcourir toute la France agricole et qui a vu, par conséquent, les choses d'aussi près que possible.

« Toute richesse sociale, dit M. J. Guyot, vient de la famille agricole; plus il y aura de familles rurales sur le sol d'une nation, plus cette nation sera prospère, riche et puissante: plus les denrées alimentaires seront abondantes et à bon marché, plus les denrées industrielles et urbaines se placeront facilement et avantageusement. Donc, le premier objet des études, des enseignements et des encouragements agricoles, doit être la connaissance, la création, l'assiette et la multiplication de la famille agricole sur un espace de terrain aussi restreint que possible... En Russie comme en Amérique, en Allemagne comme en France, en Italie comme en Suisse, s'il y a une vérité démontrée par tous les servages, par tous les métayages, et depuis des siècles, c'est que le travail direct et manuel de la famille agricole, sur un sol de moyenne fertilité, produit au moins deux fois et demi son propre nécessaire[1]... »

Au reste, dans ces derniers temps, de savants observateurs du mouvement de la population ont constaté que non-seulement il y a, depuis un grand nombre d'années, moins de *moyennes* que de *petites propriétés*

[1] Voy. *Journal d'agriculture pratique*, 20 septembre 1865.

qui appartiennent depuis longtemps aux mêmes familles, mais que tous les ans un certain nombre de propriétés moyennes disparaissent, et sont généralement remplacées par un flot sorti des classes inférieures. Il est certain que très-peu passent de la moyenne propriété dans la grande, et qu'à mesure que l'on monte vers la richesse, la population des cultivateurs diminue[1]. Ce qui est certain encore, c'est que les grands domaines mis en vente, se vendent beaucoup plus cher en détail qu'en bloc, et que si la petite culture a de grands inconvénients provenant des nombreuses clôtures qui la limitent, la grande culture, à son tour, est aujourd'hui hérissée de difficultés résultant des frais d'administration, de l'infidélité de ses agents et de la négligence de ses ouvriers[2].

Le mouvement ascendant de la petite culture, favorisée, comme nous l'avons démontré plus haut, par les événements politiques qui se sont succédé depuis 1789, prouve évidemment qu'elle jouit de certains avantages qui échappent à la grande propriété, obligée de salarier, à des prix très-élevés, chaque motte de terre qu'elle fait soulever. Mais, si le manque d'engrais, le manque de bras, si l'abondance des récoltes même sont des souffrances qui n'atteignent pas le petit cultivateur, celui-ci rencontre néanmoins, dans les conditions qui l'entourent, des entraves dont la présence seule devrait empêcher sa marche progressive, et servir de garantie à la grande propriété. C'est ce que nous allons démontrer.

[1] Voy. à ce sujet une note fort remarquable, présentée, en 1864, par M. L. de Lavergne à l'Académie des sciences, morales et politiques.
[2] Voy. *Crise de l'agriculture*, par J. H. Magne. *Journal d'économie politique*, octobre 1865.

De l'assiette des contributions et de la répartition des charges de l'agriculture.

L'impôt foncier n'est nullement une grande charge pour l'agriculteur et nous n'avons jamais entendu de plainte à cet égard; il ne s'élève guère au-dessus du chiffre indiqué au Corps législatif par M. de Forcade la Roquette, vice-président du Conseil d'État; c'est-à-dire au-dessus de 4 fr. 52 c. par hectare de terre labourable, le principal et les centimes additionnels réunis. Il n'en est pas de même des frais de transaction lors des ventes qui constituent généralement la petite propriété. Il résulte, en effet, d'un rapport fait en 1850 par M. Abbatucci, garde des sceaux, et signalé au Corps législatif dans sa séance du 8 mars 1866, par M. le baron de Veauce, que 1980 ventes d'immeubles adjugés, pendant l'année 1850, d'une valeur au-dessous de 500 fr. ont produit 558,092 fr. et avaient coûté 628,906 fr. Ce qui a donné, pour chaque vente et en moyenne, une somme de 282 fr. de produit et 318 fr. de frais, soit 112 fr. p. 100.

« En résumé, disait M. de Veauce, les frais de vente des petites propriétés territoriales s'élèvent à 112 p. 100 sur toutes les ventes de 500 fr. et au-dessous, à 100 p. 100 sur celles de 500 fr., à 70 p. 100 sur celles de 500 à 2000 fr., à 35 p. 100 sur celles de 5000 à 10,000 fr. Cette proportion *diminue ensuite* jusqu'à 10 p. 100 au fur et à mesure *que la valeur de la propriété augmente*[1]. »

[1] Voy. *Moniteur*, 1866, p. 268.

Il est de fait que le petit cultivateur, s'il veut profiter dans ses acquisitions de terres *de toutes les garanties* que lui offrent les lois, est obligé de payer celles-ci à un prix exorbitant. Voici, comme exemple, les frais d'une vente notariée que nous avons sous les yeux et qui fut passée pour un prix de 150 fr.

Honoraires.	3f —c
Timbre minute	» 35
Enregistrement	9 68
Timbre et répertoire.	1 25
Rôles.	2 60
Transcription .	3 14
Purge d'hypothèque légale.	80 —
Total	100f02c

Mais les frais de vente à la suite de décès et, surtout lorsqu'il y a des héritiers mineurs, s'élèvent à un chiffre encore plus prodigieux et atteignent ainsi souvent les 112 p. 100 cités par M. de Veauce. Nous n'avons, du reste, ni l'intention ni la compétence d'examiner le Code de procédure, et nous ignorons même quelle est la part des frais qui revient au Trésor. Nous ne nous arrêterons pas davantage à la législation qui met toutes les charges sur la propriété immobilière, tandis que la propriété mobilière, surtout les capitaux, jouissent de si grands avantages qu'ils constituent, suivant l'expression de M. de Veauce, « un privilége *en dehors des lois*. Ce qu'on ne saurait comprendre, dit l'honorable député, dans un pays d'égalité devant la loi. »

Nous sommes toutefois obligé de faire remarquer que M. de Veauce arrive à cette conclusion. « Il ne s'agit plus aujourd'hui, dit-il, de savoir quelle est la forme de la richesse que l'on possède, valeurs mobilières ou immobilières, soit que l'on ait des obligations de chemins de fer, soit qu'il s'agisse ou de titres de rentes ou de la terre, il ne s'agit que de savoir de quel chiffre de revenus l'on jouit, et, quelle que soit la source de ces revenus, l'on doit payer proportionnellement à ce qu'on reçoit. Voilà la vérité, ajoute M. de Veauce, et c'est évidemment une base nouvelle à établir en ce qui concerne l'impôt direct[1]. »

Eh bien, si le désir de M. de Veauce devait se réaliser un jour, non-seulement en faveur des grands propriétaires, mais pour le pays tout entier, dès ce moment on aurait, à coup sûr, fait disparaître et le dernier privilége de la grande fortune et les dernières entraves qui s'opposent à l'extension de la petite propriété.

Mais M. de Veauce, en demandant l'abolition du privilége dont il s'agit, semble vouloir reprendre d'une main ce qu'il offre de l'autre : « En Angleterre, dit-il, l'agriculture est autrement envisagée que chez nous, elle y est considérée comme une industrie, dans laquelle on exige du fermier un capital de roulement d'un mi-

---

[1] M. de Veauce a également exprimé au Corps législatif le désir de voir modifier les art. 745, 913 et 826 du Code civil sur les partages forcés, 2081 à 2103 sur les priviléges, 1800 et suiv. sur les cheptels et 2076 sur le nantissement. Nous sommes étonné de ne pas voir figurer parmi ces articles le n° 827, dont voici le texte. « *Si les immeubles ne peuvent pas se partager commodément, il doit être procédé à la vente par licitation devant le tribunal.* » Il nous semble que tout immeuble, s'il a une valeur quelconque, peut être partagé *commodément*. Ce n'est évidemment pas l'immeuble que l'on partage, mais le prix que l'on en retire. Si on déclarait comme *in-commode* à être partagée, par exemple, une surface de terre au-dessous de 5 ou 10 ou 20 hectares, on aurait trouvé le moyen d'empêcher le morcellement des terres si vivement déploré par M de Veauce

nimum de 625 fr. *par hectare;* sans ce capital de roulement *personne n'est admis comme fermier.* Il serait fort à désirer qu'il en fût ainsi en *France*, où le capital manque à l'agriculture, parce que nous ne voulons pas assimiler le propriétaire agriculteur au commerçant et à l'industriel [1]. »

Exiger une fortune de 625 fr. par hectare pour avoir le droit de devenir fermier? — C'est-à-dire exiger du cultivateur qui demande à gérer une ferme de 300 hectares, un minimum de fortune de *cent quatre-vingt-sept mille francs,* n'est-ce pas là entendre d'une singulière façon l'abolition des priviléges? — A ces conditions, nous doutons que dans la région du nord-est, par exemple, on trouverait beaucoup de cultivateurs en état de se faire fermiers, car la fortune exigée par M. de Veauce, pour obtenir le diplôme d'exploitant, atteint presque celle de nos plus riches propriétaires.

Qu'il nous soit permis, en passant, d'opposer à l'opinion de M. de Veauce une autre opinion, émise par M. Thiers et relative au même sujet. Quoiqu'on reproche à M. Thiers de défendre des idées économiques en contradiction avec les tendances actuelles de la nation, et quoique nous soyons loin de partager ses vues sur le libre-échange, M. Thiers nous semble néanmoins avoir parfaitement compris l'utilité de la petite culture : « Contrairement à l'aristocratie anglaise, dit-il, nous avons derrière nous des milliers de paysans qui travaillent toute leur vie pour acquérir un champ de 1 hectare. Et l'on devrait comprendre que là se trouve l'une des plus grandes garanties sociales de la

[1] Voy. *Moniteur*, p. 268.

France, garanties sociales que beaucoup de pays nous envient, que nous seuls possédons en Europe, et qui nous permet de regarder avec sang-froid ce qui peut arriver dans l'avenir. »

D'un autre côté, nous ne saurions nous expliquer jusqu'à quel point M. de Veauce entend appliquer l'assimilation du propriétaire agriculteur au commerçant et à l'industriel. — Où donc l'honorable député a-t-il trouvé une loi, un décret, ou des conventions quelconques, suivant lesquelles on ne peut se faire commerçant ou industriel qu'en possédant un maximum ou minimum de fortune? — Nos grands industriels, aujourd'hui dix fois et vingt fois milliomaires, racontent, au contraire, à qui veut l'entendre qu'ils ont commencé avec rien ou avec peu de chose, et personne n'a jamais songé à leur en faire un reproche. Nous demanderons donc, à notre tour, l'assimilation du cultivateur au commerçant et à l'industriel, c'est-à-dire que nous demandons la liberté du travail pour tout le monde, exempte de toute espèce d'entraves et de priviléges.

A Dieu ne plaise, toutefois, que nous ayons l'intention de nous faire ici le champion de la culture morcelée. La seule chose que nous sollicitons du gouvernement, au moment de l'enquête, c'est de conserver aux départements frontières du nord-est leurs anciennes libertés, qui rendent le sol accessible à l'épargne de l'ouvrier, et de répartir, autant que faire se peut, les impôts et les charges de l'agriculture proportionnellement à l'étendue du sol que chacun possède.

Et d'ailleurs, s'il est vrai que la libre concurrence est le stimulant le plus puissant pour le développement

des arts, des sciences, de l'industrie et du commerce, pourquoi donc cette concurrence produirait-elle l'effet contraire dans les travaux agricoles?

Du manque des engrais.

Nous venons de dire quelques mots, aussi brièvement que possible, sur les questions du crédit, des capitaux et du manque des bras. Nous n'avons pas la prétention d'avoir rigoureusement défini les causes d'une partie des souffrances sur lesquelles une enquête est ouverte, mais nous croyons du moins avoir appelé l'attention publique sur certaines conditions fâcheuses dans lesquelles se trouve placée, à l'heure qu'il est, notre agriculture locale. L'ensemble de ces questions n'a pas, jusqu'à ce jour, formé l'objet d'études spéciales et sérieuses de la part de nos agronomes, et c'est à cette lacune dans nos études qu'il faut évidemment attribuer ces opinions si contradictoires que nous venons de signaler à différentes reprises. En effet, telle condition qui semble aux uns constituer de véritables souffrances, apparaît à d'autres comme un signe indubitable de prospérité et de progrès. Il est donc certain que l'enquête, dût-elle n'aboutir qu'à donner aux cultivateurs de nouvelles lumières, sans apporter des changements matériels et immédiats dans l'état actuel des choses, aura toujours ce grand mérite de nous servir d'enseignement pour apprécier le passé et éclairer l'avenir.

La question relative aux engrais n'est pas, comme celles qui viennent de nous occuper, une question *locale*. La rareté des engrais et, par conséquent, leur

prix élevé constitue, au contraire, une plainte plus gé-
nérale. Mais, pour comprendre toute l'importance qui
s'attache à la production des engrais, il faut nécessairement savoir se rendre compte de la différence qui
existe dans les divers modes ou dans les divers procédés
appliqués aux exploitations du sol. Nous dirons donc
d'abord, et très-succinctement, que la culture *extensive* est celle qui réclame le moins d'engrais, qui aban-
donne à la jachère les terres fatiguées et qui, au moyen
du défrichement, s'étend le plus possible : en 1789 la
France avait 10 millions d'hectares en jachères, elle
en comptait encore 5 millions d'hectares en 1859 et,
suivant les paroles de M. Darblay, que nous avons citées
plus haut, de vastes étendues, sur lesquelles ne ve-
naient que des ronces et des bruyères, ont encore été
défrichées de 1862 à 1865.

La culture *intensive*, au contraire, opère sur des
étendues restreintes et à l'exclusion de toute jachère;
elle occupe celles-ci par des prairies artificielles, telles
que luzernières, treflières etc. Ces plantes fourragères
avaient été considérées jusqu'ici comme plantes *amé-
liorantes*, qui, au lieu d'épuiser le sol lui donneraient
de nouvelles forces productives. Malheureusement on
vient de découvrir qu'il n'en est pas ainsi[1] et qu'il
n'existe d'autre culture améliorante, c'est-à-dire de
culture intensive possible, que celle qui est basée sur
la loi de la restitution : restituer à la terre, soit par des
amendements, soit par des engrais, les substances nu-
tritives que les récoltes successives lui ont enlevées,
les restituer abondamment, mais avec le moins de dé-

[1] Voy. *Prairies artificielles; des causes de diminution de leurs
produits*, par Isidore Pierre.

penses possibles, tel est le problème difficile dont la culture *intensive* cherche aujourd'hui la solution.

Outre la culture extensive, intensive et soi-disante améliorante, il y a encore la culture industrielle. Son nom indique assez qu'elle s'applique plus spécialement à produire des plantes industrielles destinées à diverses industries. Parmi ses produits il faut compter le tabac, le houblon, la betterave à sucre, la garance, la vigne etc. Toutes ces plantes absorbent, les unes plus que les autres, les éléments nutritifs du sol et ne produisent que peu ou point d'engrais. Il est à regretter que, dans la culture industrielle, contrairement à la petite culture, où la vache est indispensable, on considère trop généralement, en France, l'étable comme un *mal nécessaire.* On trouve plus commode d'acheter les engrais que de les produire, car la production des engrais réclame, non-seulement le sacrifice d'assez grandes étendues de terres pour l'établissement des prairies nécessaires à l'entretien des animaux, mais encore un personnel coûteux et parfois des connaissances zootechniques, qui en général et malheureusement font défaut au plus grand nombre de nos cultivateurs.

En France la *grande* et la *moyenne* propriété ont une préférence marquée, d'abord pour la culture industrielle telle que nous venons de la décrire et ensuite pour la culture extensive. N'oublions pas cependant de mentionner encore un autre mode d'exploitation non moins estimé par la grande propriété, et qui consiste à remettre son héritage entre les mains d'un fermier ou métayer. Dans ce cas la préoccupation principale du bailleur se borne à retirer de ses terres le fermage *le plus élevé* et à fournir au preneur *le chep-*

tel le moins nombreux[1]. Le cheptel, il est vrai, est considéré par la loi comme immeuble et par conséquent en dehors des atteintes des créances que le métayer peut contracter, mais le cheptel n'est aucunement garanti ni contre les maladies, ni contre les épizooties, ni contre un grand nombre d'accidents désastreux auquel le bétail est continuellement exposé et qui engagent le bailleur à rendre le cheptel aussi petit que possible.

On le voit, en France, les modes d'exploitations les plus usités sont ceux qui contribuent le moins à l'augmentation du bétail. Aussi en résulte-t-il que de tous les pays civilisés la France est celui où les bestiaux sont les moins nombreux. En effet, en comptant pour les principaux États de l'Europe 1 bœuf, 1 cheval, 10 moutons ou 4 porcs pour une tête de gros bétail, on arrive au résultat suivant :

Royaumes-Unis	99 têtes pour 100 hectares	
Belgique	58	»
Pays-Bas	52	»
Allemagne	44	»
Prusse	40	»
France	38	»

Il est donc évident que pour remédier au manque d'engrais il faut à la France des cultures moins indus-

[1] On entend par cheptel les bestiaux que le bailleur donne au preneur; celui-ci s'oblige à les entretenir à des conditions fixées par des lois qui, dans ces derniers temps, ont fait l'objet de nombreuses critiques. Dans ces baux toute stipulation d'un intérêt fixe est interdite, ainsi que toute garantie de remboursement. Si des conventions établies de bonne foi stipulent l'un ou l'autre en faveur du prêteur, ces conventions doivent être rescindées par les tribunaux. « On a poussé la bizarrerie, dit M. d'Esterno (*Journal des économistes*, mai 1865, p. 202) jusqu'à établir que si le cheptel était seulement entamé, la perte serait supportée par moitié par le bailleur et le preneur, tandis

trielles et plutôt conformes aux exigences du sol qu'aux exigences de lucre de la grande propriété; qu'il faut élever plus de bestiaux et produire plus de fourrages en créant de nouvelles prairies naturelles et artificielles. Mais, pour créer des prairies naturelles, qui seules constituent la véritable base de la production fourragère, une chose est essentiellement nécessaire, c'est l'eau, c'est-à-dire les irrigations.

On dit, que pour conduire les eaux du Nil jusqu'au pied des montagnes, les Égyptiens avaient exécuté d'immenses travaux; que la Perse exemptait d'impôts les terres bien irriguées; que l'Espagne irrigue encore aujourd'hui au moyen de canaux construits par les Arabes, et enfin, que les canaux de la Lombardie, dont les eaux transforment 100,000 hectares de terres sablonneuses en riches prairies, ont été établis dans le douzième siècle.

Pourquoi donc la France n'imiterait-elle pas ces exemples? et pourquoi donc ses terrains, régulièrement arrosés, n'utilisent-ils qu'à peine le vingtième de ses eaux disponibles et ne représentent-ils qu'une fraction insignifiante de ses prairies naturelles[1]?

que si le cheptel était entièrement détruit, la perte serait *tout entière* à la charge du bailleur. » Il en est souvent résulté que lorsqu'un cheptel se trouvait entamé, le cheptelier s'empressait à le détruire entièrement pour s'exonérer de sa part dans les pertes éprouvées. C'est ainsi qu'un membre de la *Société des économistes* a trouvé, lors des grandes inondations de la Loire, un cheptelier occupé à lancer dans le fleuve débordé le restant d'un troupeau de moutons dont une partie avait péri. Il faisait là, dit M. d'Esterno, une excellente spéculation, puisqu'en rendant la perte *totale*, il la rejetait sur son bailleur, tandis qu'il aurait supporté la moitié d'une perte partielle.

[1] Voy. *Chimie agricole*, par Malagutti. *Irrigations.*

Non-seulement les irrigations font défaut, mais une grande partie des canaux existants constituent encore un privilége pour les industriels et les usiniers; et, dans la région du nord-est du moins, l'agriculteur n'a souvent le droit de se servir de ses cours d'eau qu'à partir du *samedi soir jusqu'au dimanche soir*[1]!

La question des engrais et, partant, de l'irrigation est donc assurément l'une des questions les plus graves dont l'enquête aura à s'occuper et où la nécessité de grandes améliorations nous semble être réelle, patente.

Avant de terminer ce chapitre, qu'il nous soit permis de rapporter ici, à titre d'exemple, l'une des nombreuses plaintes relatives au manque d'engrais formulée ainsi par l'un des planteurs de tabac des départements du Rhin. « Les *trois quarts* des engrais, dit notre planteur, nous sont fournis par le commerce à des prix très-élevés et, dans la saison actuelle, les demandes sont tellement abondantes que l'approvisionnement est difficile. Nous employons beaucoup de vidanges, que nous payons jusqu'à 7 et 8 fr. le mètre cube, pris en bateau ; et à ce prix énorme nous recevons bien souvent de la marchandise dont l'eau est la principale composition[2].

Nous dirons à notre planteur de tabac qu'aussi

---

[1] Voici un extrait d'un arrêté préfectoral du Haut-Rhin daté du 14 août 1832. — « Depuis le dimanche soir, à six heures, jusqu'au « samedi soir à pareille heure, les principaux cours d'eaux de la val-« lée de Lapoutroie resteront dans leurs lits pour l'usage exclusif des « usiniers. Les riverains ne pourront s'en servir pour l'irrigation de « leurs prairies que depuis le samedi à six heures du soir jusqu'au di-« manche soir à la même heure... Les riverains, dont les prés seront « couverts d'eau dans le courant de la semaine, seront poursuivis con-« formément etc. etc... »

[2] Voy. *Courrier du Bas Rhin*, 25 février 1866.

longtemps qu'il ne saura pas produire dans son exploitation les engrais que son tabac réclame, qu'aussi longtemps qu'il sera obligé d'acheter l'excédant des fumiers
que lui offre la petite culture, ou d'en acheter au commerce à des prix exorbitants, aussi longtemps son exploitation sera vicieuse et finira tôt ou tard par ruiner
ses terres, quelle que soit d'ailleurs l'augmentation des
prix qu'il peut obtenir de la régie [1].

De l'instruction dans les campagnes.

Un mot sur les conséquences de l'instruction dans
les campagnes nous semble être à sa place à la suite
des questions qui viennent de nous occuper. L'instruction primaire, qui pénètre de plus en plus dans les
populations rurales, ainsi que la réalisation successive
de la loi de 1789, qui accorde à tout Français le droit
de prendre part au gouvernement des affaires publiques,
contribuent puissamment à la transformation des conditions sociales, ainsi qu'à cette transition dont nous
avons parlé plus haut, et qui s'opère dans la propriété
territoriale.

[1] Le *mouvement perpétuel* et le *secret de récolter sans fumer* occupe en France encore bien des esprits. C'est ainsi que M. George
Ville, professeur de physique végétale au Muséum d'histoire naturelle, disait récemment dans la fameuse conférence de la Sorbonne
que «produire du fumier pour faire des récoltes n'est plus une nécessité absolue, car la science nous a dévoilé tous les secrets pour
produire artificiellement la végétation.» M. J A. Barral lui répond
«qu'une telle affirmation confond la raison.» La théorie de M. G.
Ville n'est assurément qu'une exagération de la *théorie minérale* de
M. de Liebig, qui toutefois n'a jamais confondu les engrais minéraux
avec les engrais provenant de la ferme.

La réalisation de la loi en question a eu lieu incontestablement par le suffrage universel.

Au dix-septième siècle, « les paysans ressemblent, selon la Bruyère, à de certains animaux farouches, répandus par la campagne, livides et tout brûlés du soleil, attachés à la terre qu'ils remuent avec une opiniâtreté invincible; ils se retirent la nuit dans des tannières, où ils vivent de pain noir, d'eau et de racines; ils épargnent aux autres hommes la peine de semer, de labourer et de recueillir pour vivre, et méritent ainsi de ne pas manquer de ce pain qu'ils ont semé. »

Au dix-huitième siècle, le duc d'Orléans dépose sur la table de *Louis XV* un pain de fougère et lui dit : «Sire, voilà de quoi se nourrissent vos sujets! »

Au commencement du dix-neuvième siècle, les rapports entre les grands propriétaires et les fermiers, entre les populations urbaines et celles des campagnes sont encore peu fréquents. A partir de 1852 tout change : par le suffrage universel le paysan est devenu électeur, et les nombreux aspirants aux honneurs des conseils municipaux, des conseils d'arrondissements, des conseils généraux, de la Chambre législative pénètrent dans les chaumières les plus pauvres et les plus infimes pour serrer la main calleuse du paysan dont ils sollicitent la voix.

Avec cette élévation progressive de la valeur individuelle de l'homme des champs, l'instruction se propage rapidement.

Mais si l'instruction a le noble but de développer les facultés de l'homme, son intelligence, sa foi, sa moralité, en un mot de régler sa vie, elle développe également son amour de l'indépendance, son affection pour la famille dont il est le chef, et son attachement à la parcelle du sol qui lui appartient.

Le fils du paysan, sachant lire, écrire, réfléchir et discerner, applique son savoir à ses travaux, qu'il arrose ensuite de ses sueurs. Il n'en est pas de même du fils du grand propriétaire; celui-ci, après avoir quitté les bancs du collége, et étant installé dans le domaine paternel, deviendra cavalier adroit, chasseur habile et, pendant l'hiver, racontera ses exploits, soit dans le chef-lieu du département, soit dans la capitale de l'Empire.

Sans doute, il n'y a point de règles sans exceptions, point de médailles sans revers, et l'instruction primaire comme l'instruction supérieure produit souvent des effets contraires à ceux que nous venons d'indiquer. Aussi, en parlant de l'instruction, nous avions principalement à cœur de constater la plus importante de ses conséquences, celle qu'elle exerce sur la grande division du sol. Il nous semble incontestable que plus on développe chez le campagnard ce sentiment immuable qui nous porte tous vers la liberté et l'indépendance, plus on développera chez lui ce désir ardent et irrésistible de posséder le lopin de terre qu'il féconde par son travail et qui le nourrit. Cette considération, ainsi que toutes celles que nous avons émises plus haut, nous confirment donc dans notre opinion que les souffrances de la grande culture ont des causes tellement profondes qu'il faut les chercher ailleurs que dans les modifications ou dans le rétablissement de l'*échelle mobile*.

Conclusion.

Comme conclusion nous dirons que, quelle que soit l'utilité d'une organisation du crédit agricole, quelle que soit la nécessité de l'institution de banques rurales et de la création de capitaux, toutes ces améliorations, dont l'heureuse influence serait certaine, ne contribueraient pourtant pas à donner ni plus de bras ni plus d'engrais à la grande propriété rurale, qui, par des cris de détresse, poussés peut-être imprudemment, vient de provoquer une enquête agricole. Aujourd'hui, et à la suite de plusieurs révolutions politiques, la France a acquis la faculté d'acheter, de vendre, de partager et de transmettre la terre, au point que tout Français peut devenir propriétaire foncier et s'assurer ainsi l'existence par le travail agricole. Il en résulte nécessairement une liberté de concurrence dans les produits du sol, qui fait la désolation des uns et la satisfaction des autres. Les terres, au lieu de constituer comme autrefois des avantages attachés à certaines dignités, ne sont plus aujourd'hui qu'une cause de ruine pour ceux qui ne savent pas les faire fructifier eux-mêmes par leur intelligence, leur travail et leur activité.

Est-ce à dire que l'agriculture, ainsi dégagée de ses anciennes entraves, et se mouvant dans une sphère nouvelle, soit devenue complétement adolescente, et ne doive plus fixer la sollicitude de l'État? Ce serait là soutenir une thèse en contradiction avec le siècle qui, à l'aide des progrès des arts et des sciences, a fait disparaître les distances entre les pays et les nations. Mais si la marche rapide de ces progrès est évidente, il n'en est pas

moins vrai que la législation est restée stationnaire et
se trouve ainsi fréquemment en opposition avec de
nombreux besoins qui surgissent à la suite même des
progrès accomplis.

C'est ainsi que dans ces derniers temps on a re-
connu que pour faire prospérer la culture du sol, au
lieu d'avoir besoin, comme autrefois, de systèmes de
protection, de *prohibition* et de *privilége*, d'autres conditions sont aujourd'hui nécessaires ; parmi ces conditions il faut compter l'estime pour les travaux agricoles,
des institutions politiques qui concordent avec la liberté
du travail, et des débouchés.

L'estime pour les travaux agricoles, en d'autres termes, l'attraction des travaux des champs ou des occupations agricoles, fait évidemment défaut dans les hautes
régions de la société française, tandis qu'elle fait la
puissance de l'agriculture chez nos voisins d'outre-
Manche. En 1789, Arthur Young écrivit, pendant ses
voyages en France, les lignes suivantes : « Toutes les
fois que vous rencontrez les terres d'un grand seigneur,
même quand il possède des millions, vous êtes sûr de
les trouver en friches. Le prince *de Soubise* et le duc
de Bouillon sont les deux plus grands propriétaires de
France ; les seules marques que j'ai encore vues de
leur grandeur sont des jachères, des landes et des dé-
serts. »

Il n'est donc pas surprenant que les réformes sociales, résultant des commotions révolutionnaires surve-
nues dans le cours du siècle, aient tourné à l'avantage
du paysan, qu'elles ont affranchi des droits féodaux, et
aient ainsi produit cette immense activité *de la famille
rurale* à laquelle nous devons aujourd'hui cette abon-

dance de blé et de vin qui fait la désolation des protec-
tionnistes et des partisans de l'échelle mobile.

Tel nous semble être, en deux mots, le bilan de la
la situation actuelle.

Et que faut-il à la France, dont les richesses de récoltes constituent aujourd'hui les souffrances? Il lui
faut évidemment des consommateurs dans l'*intérieur*
et des débouchés à l'*extérieur*[1].

Mais l'armée dont on demande la réduction; mais
les ouvriers employés à l'embellissement des villes et
dont on réclame la suppression; mais les bras employés
dans les nombreuses industries, en les renvoyant tous,
ou en grande partie, dans les campagnes, aurait-on
augmenté ainsi le nombre des consommateurs? On aurait, au contraire, augmenté le nombre des producteurs et dans les conditions actuelles de la société la
désastreuse abondance n'irait qu'en grandissant.

A coup sûr, à l'abondance que l'on déplore nous ne
voyons qu'un seul remède, c'est la facilité des échan-
ges, la facilité de transformer les récoltes en capitaux,
ce sont des relations avec les nations, même les plus
éloignées du continent, auxquelles nous avons à offrir
contre les produits de leurs mines d'or, d'argent et de

---

[1] Nous n'ignorons pas que la grande propriété agricole demande
au gouvernement les moyens de pouvoir produire à meilleur marché,
de diminuer ses frais de revient et de rendre les prix plus rémunéra-
teurs. Il est certain que des droits élevés frappés sur les importations,
que l'abondance des bras et la misère des ouvriers constitueraient
pour elle de grands bénéfices. Nous doutons beaucoup que, dans nos
conditions sociales et politiques, ces tendances aient des chances de
succès; en effet, elles seraient les moyens les plus efficaces pour ruiner le petit cultivateur.

houille, contre leurs produits en bois, en bestiaux, en coton, les meilleurs blés et les meilleurs vins du monde.

Ce ne sont donc pas les droits frappés sur les importations par lesquels on obtiendrait le levier qui développerait notre agriculture[1]. Ce que nous demandons c'est :

L'abaissement des barrières entre les nations.

La réforme, pour ne pas dire la suppression, de l'octroi.

La multiplicité et la facilité des transports.

L'extension des travaux d'irrigation.

La diminution des charges qui pèsent sur les transactions de la petite et de la moyenne propriété.

Et enfin *le développement successif des libertés que la France agricole a conquises au prix de nombreuses et douloureuses commotions politiques et sociales.*

Avec ces réformes, les populations agricoles des départements frontières du nord-est, ne tarderont pas à trouver, par leur propre initiative, les autres remèdes dont elles ont besoin et qu'elles obtiendraient assurément par leur activité et leur énergie !

---

[1] « Si vous ne voulez pas qu'on importe, disait très-judicieusement M. Hubert-Delisle, ne craignez-vous pas que l'on vous empêche d'exporter ; les grains, les blés que vous auriez repoussés, feraient alors le tour de l'Espagne et viendraient vous faire à vous-mêmes une concurrence sérieuse sur tous les marchés » (voy. séance du Sénat, 10 février 1866).

TABLE DES MATIÈRES.

	Pages
De l'enquête agricole.	5
Du crédit	6
Des capitaux	11
Du manque de bras	15
De la petite propriété.	24
De l'assiette des contributions et de la rétribution des charges de l'agriculture.	29
Du manque des engrais	34
De l'instruction dans les campagnes.	40
Conclusion	43

www.ingramcontent.com/pod-product-compliance
Lightning Source LLC
Chambersburg PA
CBHW071346200326
41520CB00013B/3118